AF349709

ESSAIS COMPARATIFS

SUR LA CULTURE

DE

40 VARIÉTÉS DE BLÉ

Par le Frère BERNARDIEN,

Professeur de Botanique au Pensionnat des Frères de Reims,
Membre du Comice agricole de l'arrondissement.

REIMS,
IMPRIMERIE ET LITHOGRAPHIE DE E. LUTON, RUE CÉRÈS, 17.

1870.

ESSAIS COMPARATIFS

SUR LA CULTURE

DE QUARANTE VARIÉTÉS DE BLÉ,

Par le Frère BERNARDIEN,

Professeur de Botanique au Pensionnat des Frères de Reims,
Membre du Comice agricole de l'arrondissement.

En tête de la classification du monde végétal agricole, se placent les céréales, dont le blé tient assurément le premier rang.

N'est-il pas, en effet, le principal aliment des nations civilisées? De son abondance ou de sa rareté dépendent le bien-être et l'indépendance des peuples.

Le perfectionnement de cette graminée est donc une des plus intéressantes questions de l'ordre social, question qui a toujours vivement attiré l'attention des gouvernements. Le pain qui nourrit le corps, et l'éducation qui développe l'intelligence et le cœur, ne sont-ils pas les bases fondamentales de toute bonne politique?

Les Latins divisaient les blés en deux classes : les *triticum*, dont le grain se sépare aisément de leurs enveloppes ou balles ; les *adoreum* ou *far*, dont le grain, au contraire, y adhère fortement.

Les botanistes modernes ont suivi la même voie ; laissant toutefois le nom générique de *triticum* aux deux classes, ils ont établi neuf espèces dont les caractères constants servent de base à une classification vraiment scientifique.

Les blés de la 1re classe forment six espèces, ce sont :

1° Blé commun ou touzelle, sans barbes (*triticum hybernum*). Epi blanc, rouge, jaune ou brun ; grain ovoïde, tendre, très-farineux ; épillets serrés ou lâches ; balles glabres ou velues : cette espèce est celle qui renferme le plus de variétés. De beaucoup plus cultivées que les autres parce qu'elles donnent une farine de qualité supérieure, elles sont collectivement désignées sous le nom de blés fins.

2° Blé commun barbu ou seisette (*trit. æstivum*).

Ces blés ne diffèrent des précédents que par leurs barbes.

Les variétés de blé seisette sont moins nombreuses que celles de blé touzelle.

3° Blé poulard ou pétanielle (*triticum turgidum*). Epi barbu, volumineux, carré, pendant à la maturité, d'un rouge plus ou moins foncé passant quelquefois au brun ; glumes souvent veloutées ; grain gros, ovoïde ; paille vigoureuse, garnie de moelle supérieurement, peu propre à la nourriture des bestiaux.

4° Blé de miracle, blé rameux (*triticum compositum*). Quelques épillets de la base, prenant un développement considérable, forment des épis secondaires ; grain généralement maigre ; paille forte, ondulée et pleine au sommet ; comme celle des poulards, elle est de qualité inférieure. Ce blé a souffert du froid chaque fois que nous l'avons essayé.

5° Blé dur, blé d'Afrique *(triticum durum)*. Appelés aussi aubaines, les blés de cette espèce ont le grain renflé au milieu, translucide, à cassure cornée. Semées dans un bon terrain, quelques variétés deviennent rameuses.

6° Blé de Pologne *(triticum polonicum)*. Epi volumineux ; enveloppes florales très-amples ; grain long comme celui du seigle, mais plus gros et plus jaune. Il est sensible au froid.

Les blés de la deuxième classe forment trois espèces :

1° Epeautre amidonnier *(triticum amyleum)*. Epi retombant, ordinairement barbu ; épillets serrés et aplatis, renfermant chacun deux grains triangulaires à cassure cornée. Cet épeautre donne en abondance un très-bon amidon.

Les variétés de cette espèce se distinguent par la présence ou l'absence des barbes, la couleur des épis, etc.

2° Epeautre petit, locular, engrain *(triticum monococcum)*. Epi droit, barbu ; épillets très-serrés et comprimés, renfermant un seul grain sans sillon, à cassure demi-farineuse.

Le petit épeautre prospère sur les terres peu fertiles, fournit un excellent gruau ; mais ses produits ne sont pas abondants.

3° Epeautre ordinaire, grand épeautre *(trit. spelta)*. Epi long ; épillets très-écartés ; grain à cassure vitreuse. Plusieurs variétés de cette espèce sont vigoureuses et très-productives.

En général, tous les épeautres viennent bien dans les terres non carbonatées où les blés de la première classe ne pourraient prospérer ; leur farine est, dit-on, excellente ; mais, à cause de l'adhérence de leurs balles, ils exigent une mouture particulière.

Les épeautres sont les blés des climats froids et humides ; le grand épeautre peut être semé sur nos montagnes à la même altitude que le seigle ; aussi dans nos contrées recouvre-t-il les pentes déboisées de la vallée de la Meuse.

Chacune de ces neuf espèces renferme un certain nombre de variétés distinguées entre elles d'après la forme des épis : en blés carrés, aplatis ou rameux ; d'après leur couleur : en blés blancs, jaunes, rouges, bruns ou noirs ; en blés glabres ou en blés velus, selon que les glumes sont ou non recouvertes de poils fins et serrés qui leur donnent un aspect velouté ; en blés barbus, barbescents ou mutiques, d'après la présence et la longueur des barbes ou d'après leur absence.

Les épis, dans ces nombreuses variétés, peuvent être compactes, demi-compactes ou lâches, suivant que les épillets sont plus ou moins serrés.

Enfin on désigne encore les variétés par le nom de la localité où elles sont cultivées depuis longtemps.

Ajoutons que certaines, ayant mêmes formes extérieures, diffèrent quelquefois de beaucoup par le grain.

Toutefois les caractères des variétés offrent peu de fixité : elles tendent constamment à retourner à leur type primitif. C'est ainsi que, transporté d'un climat dans un autre, un blé barbu peut devenir mutique, et réciproquement : les influences climatologiques, géologiques, etc., semblent avoir été les seules causes de ces différences, puisque l'hybridation des graminées est repoussée par le plus grand nombre des physiologistes.

Dans la pratique, la rusticité, le rendement et la qualité du grain et de la paille sont seuls pris en considération ; de sorte que les caractères botaniques n'ont plus qu'une valeur très-secondaire.

Uniquement envisagées au point de vue utilitaire, 55 variétés, prises parmi les 220 de notre collection, sont, depuis 5 ans, l'objet de soins spéciaux ; 15 d'entre elles, n'ayant pu résister aux hivers de 1866-67, 1867 68, ont été éliminées. Restaient donc 40 variétés qui, cultivées dans les conditions ordinaires de la grande culture, sur une superficie d'un are pour chacune, ont donné, l'an dernier, le résultat indiqué dans le tableau suivant :

TABLEAU

Du rendement de quarante variétés de Blé.

			Rend¹ à l'hect.	Poids de l'hectol.	Poids de la Paille.
			hectol.	kil.	
1 Blé barbu.	1ʳᵉ Classe.	2ᵉ Espèce.	42	74.5	7.400
2 Red Kent.	id.	1ʳᵉ Esp.	39	75	8.000
3 Poulard à 6 rangs.	id.	3ᵉ Esp.	38	76	7.200
4 Hallet.	id.	1ʳᵉ Esp.	37.25	78	7.800
5 Hickling.	id.	id.	35	74	7.500
6 Hunter.	id.	id.	34	77	8.200
7 Géant de la Tréhonnais.	id.	id.	33	76	7.800
8 Grand de Brianca.	id.	2ᵉ Esp.	32	75	5.500
9 Blé à 6 rangs, épi velouté.	id.	3ᵉ Esp.	31.2	73	6.400
10 Ensengland.	id.	1ʳᵉ Esp.	31	78	7.000
11 de Noé.	id.	id.	30.3	78.5	5.100
12 Rouge de Wittington.	id.	id.	30	79	7.700
13 Rouge de Bretagne.	id.	id.	29.5	74	6.800
14 Jaunàtre.	id.	id.	29	76	6.500
15 Poulard.	id.	3ᵉ Esp.	28.5	77	6.000
16 Poulard velu.	id.	id.	27	74	6.100
17 White red blanc.	id.	1ʳᵉ Esp.	27	70	5.600
18 de Syra.	id.	id.	25.5	78	6.200
19 Oxford prize.	id.	id.	25	79	5.300
20 Poulard gros rouge.	id.	3ᵉ Esp.	24.5	75	5.000
21 de Saint-Laud.	id.	1ʳᵉ Esp.	24.5	75	6.800
22 Perle Lawson's.	id.	id.	24.5	79	6.900
23 d'Ecosse.	id.	id.	24.4	80	7.000
24 White Essex.	id.	id.	23.	75	4.200
25 Haigh's wath prolific.	id.	id.	22.5	74	6.000
26 de la Nouvelle-Hollande.	id.	id.	22	77	5.100
27 Gros Turquet.	id.	3ᵉ Esp.	21.5	73	4.400
28 White chaff red.	id.	1ʳᵉ Esp.	21	74	6.000
29 Rouge de Hongrie.	id.	id.	20.5	73	4.200
30 de Sibérie.	id.	3ᵉ Esp.	20.5	78	6.100
31 Pàquet (variété).	id.	1ʳᵉ Esp.	20.5	73	6.200
32 Spalding red.	id.	id.	20	75	4.000
33 Talavera (du Cᵗᵉ Basterot).	id.	id.	19	76	4.500
34 Triticum fastuosum.	id.	id.	19	71	7.000
35 Burrel du duc de Portland.	id.	id.	17	70	4.800
36 Prince-Albert.	id.	id.	17	78	5.000
37 Blanc de Hongrie.	id.	id.	17	75	6.000
38 Lisebridge.	id.	id.	15	77	5.100
39 de Fellemberg.	id.	id.	14	73	4.000
40 de haie (velu).	id.	id.	13	75	3.500

On a remarqué, à l'inspection du tableau, que toutes ces variétés, dont nous allons donner la monographie, appartiennent aux blés de la première classe, et, pour le plus grand nombre même, à ceux de la première espèce. Nous suivons l'ordre de rendement dans chaque espèce.

1re CLASSE. — 1re Espèce ou Touzelle.

BLÉ A ÉPI BLANC.

Blé Hallet. — Variété du blé Victoria ou du Haigh's wath prolific. Sélection de monsieur Hallett.

Blé Hickling. — Epi de 8 à 10 centim., renflé vers le haut ; épillets très-denses ; grain ovoïde, blanc-jaunâtre; paille abondante et de bonne qualité. Variété vigoureuse et productive, mais difficile à battre.

Blé Hunter. — Un des plus riches en azote. Son caractère le plus marqué est qu'on trouve, dans le même épi, des grains tendres blancs, et des grains durs rougeâtres. C'est une des variétés les plus anciennes et les plus estimées en Ecosse. L'épi, de moyenne grandeur, est serré au milieu et s'effile vers les extrémités.

Blé Géant de la Tréhonnais. — Grain jaune-rouge ; épi aplati, de 10 à 12 centim. ; épillets demi-serrés ; belle et bonne paille.

Blé Ensengland. — Très-riche en gluten. Très-beaux épis aplatis, demi-denses, de 10 à 12 centim. ; grain ovoïde, blanc-jaunâtre ; paille abondante et de bonne qualité.

Blé de Noé, blé bleu. — Cette variété est une de celles qui peuvent être semées en automne et en mars. Nous la semons dans ces deux saisons depuis 5 ans : elle nous a constamment donné des résultats exceptionnellement beaux, surtout comme blé de printemps.

Tout le monde connaît cette variété ; les épis lâches atteignent facilement 12 centim.; le grain est d'un beau jaune, la paille peu abondante.

Blé Jaunâtre. — Aminci de la base au sommet, l'épi de 8 à 10 centim. est assez dense; la paille est belle.

Blé de Syra. — Très-beau grain, blanc, ovoïde ; épi assez serré, de 12 à 14 centim., presque cylindrique.

Blé Oxford prize. — Epi serré, de 10 à 12 centim. ; grain jaune, glacé ; paille moyenne.

Blé Perle Lawson's. — Très-belle paille, de qualité supérieure ; épi de 9 à 11 centim., cylindrique ; grain rond, blanc, perlé.

Blé de Talavera (du Cte Bastérot). — Très-beaux épis, lâches, de 14 à 18 centim. ; grain blanc et gros.

Blé blanc de Hongrie. — C'est un des plus recommandables pour sa richesse en azote. Analysée concurremment avec celle du blé de pays, sa farine a été trouvée bien plus riche. L'échantillon de gluten que nous avons obtenu avait une belle couleur brun-roux ; il occupait un volume relativement considérable, et renfermait en azote 1,84. Pour la farine du blé de pays, au contraire, le gluten était dur, moins levé, d'une couleur grisâtre, et renfermait seulement 1,28 d'azote. Malheureusement le blé blanc de Hongrie semble dégénérer dans le pays.

Blé Lisebridge. — Epi de 8 à 10 centim., quasi cylindrique, serré ; beau grain ; paille ordinaire.

Blé de Fellemberg, touzelle blanche, blé Pictet. — Belle paille, violacée aux endroits non engaînés ; grain jaune d'or, ovoïde ; épi assez lâche, de 8 à 10 centim.

Blé de Haie ou Tunstall. — Cette variété, ainsi que le blé de la Nouvelle-Hollande, retenant l'humidité sur l'épiderme velu de ses balles, est plus que les autres exposée à la maladie de la rouille. Epi de 8 à 10 centim., assez lâche; grain blanc, allongé ; paille peu abondante.

Blé White red blanc. — Epi de 8 à 10 centim., dense et renflé au sommet, lâche et aminci à la base; grain rouge, ovoïde ; paille très-feuillue.

Blé White chaff red. — Cette variété a beaucoup de ressemblance avec la précédente ; l'épi est cependant plus renflé, plus dense, mais moins long.

Blé White Essex. — Très-beau blé comme grain et paille; épi dense de 10 à 12 centim.

BLÉS A ÉPI ROUGE.

Blé red Kent. — La première fois que nous l'avons semée, cette variété a beaucoup souffert de la gelée; puis, les années suivantes, elle s'est montrée une des plus rustiques et des plus productives. Epi de 12 à 15 centim., bien fourni ; grain rouge allongé ; paille de bonne qualité et très-abondante.

Blé rouge de Wittington. — Cette variété est une de celles qui nous paraissent le plus recommandables. L'épi, bien fourni, demi-serré, renferme un très-beau grain rouge, glacé.

Blé rouge de Bretagne. — Assez semblable au précédent, ce blé s'en distingue pourtant par l'épi un peu barbu au sommet, les taches brunes de ses balles externes et son grain plus allongé.

Blé de Saint-Laud. — C'est encore là une de nos plus belles variétés. Epi gros, carré, rouge foncé, de 7 à 9 cent. ; grain rouge, ovoïde.

Blé d'Ecosse. — Epi de 10 à 12 centim., lâche, s'amincissant vers le sommet ; beau grain rouge.

Blé Haig's wath prolific. — Voisin du blé Victoria. Très-beaux épis, de 12 à 15 centim., aplatis; malheureusement le grain ne répond pas à la beauté de l'épi; paille abondante ; maturité tardive.

Blé rouge de Hongrie. — Il menace, comme le blanc de Hongrie, de dégénérer.

Blé Páquet (variété). — Epi légèrement oblong, très-serré, difficile à battre; grain jaune ovoïde.

Blé Spalding red. — Bel épi de 12 à 14 centim.; grain allongé, rouge foncé; belle paille.

Blé Triticum fastuosum. — Ressemble assez au blé Haig's wath prolific, mais l'épi est moins long et plus dense.

Blé Burrell du duc de Portland. — Epi lâche, aminci au sommet, 8 à 12 centim.; grain rouge, allongé; belle paille.

Blé Prince-Albert. — Il y a dans notre collection deux variétés qui portent ce nom. Celle dont il est ici question a l'épi légèrement oblong, très-dense; le grain jaune, ovoïde; elle s'égrène difficilement. L'autre, qui porte le nom de Prince-Albert barbu, a l'épi volumineux, la paille dure, rend considérablement comme grain et paille; mais malheureusement elle est très-sensible au froid. La première année que nous l'avons cultivée, elle a beaucoup souffert; la seconde, elle a complétement gelé.

1re CLASSE. — 2e *Espèce.*

BLÉ COMMUN BARBU OU SEISETTE.

Blé barbu d'automne. — Très-productif en paille et en grain; il tient le premier rang au tableau; épi volumineux, carré, de 10 à 12 centim. Comme tous les blés barbus, la paille est dure et peu propre à la nourriture des animaux.

Blé grand de Brianca. — Epi lâche, long de 12 à 14 cent. Très-hâtif, sa maturité précède d'une huitaine de jours celle du blé de pays.

1re CLASSE. — 3e *Espèce.*

BLÉ POULARD OU PÉTANIELLE.

Blé Poulard à 6 rangs. — Epi jaune, court, velu, très-serré; grain voûté, à cassure mi-cornée; maturité tardive; difficile à battre.

Blé Poulard brun. — Epi de 8 à 10 centim., penché à la maturité; paille abondante, dure, tordue près de l'épi.

Blé Poulard velu. — Mêmes caractères que le précédent, à l'exception de l'épi qui est rougeâtre et des balles qui sont velues.

Blé Poulard gros rouge. — Analogue aux deux précédents; il ne s'en distingue que par la couleur de l'épi qui est rouge foncé; il est aussi plus fort dans toutes ses parties.

Blé gros Turquet. — Grain glacé; épi plus petit que le Poulard gros rouge avec lequel il a d'ailleurs beaucoup d'analogie.

Blé de Sibérie. — Epi blanc, serré, des plus difficiles à égrener; paille très-dure.

I

Le blé croît aussi bien au nord qu'au midi de la France, et sa culture en Europe est si ancienne qu'on peut presque dire :

Le froment n'a jamais existé à l'état sauvage.

Nous ne rapporterons pas ici les dires, les affirmations toutes gratuites de certaines personnes qui prétendent avoir rencontré

le blé à l'état sauvage, et avoir transformé l'Ægylops triti-
coïde en blé, ou le blé en chiendent en le semant sur des
terres stériles, etc., etc. On a fait justice de semblables hypothèses quand on les a citées.

Si nous ignorons l'origine du froment, nous ne sommes
pas mieux instruits sur l'époque de son introduction dans
l'agriculture des peuples.

D'après les auteurs, l'Egypte, la Sardaigne, la Numidie, la
Sicile et l'Afrique étaient renommées dans l'antiquité pour
leur culture de blé. Les Gaules, au dire de Cicéron et de César,
approvisionnaient aussi l'Italie.

L'histoire de tous les peuples nous montre donc le blé.
D'où vient-il? Comment a-t-il été apporté d'un pays dans un
autre? A quelle époque remonte son emploi dans l'alimentation humaine?

Ce sont là évidemment des questions insolubles, en dehors
des considérations d'un ordre plus élevé. Au lieu de se lancer
dans le champ des hypothèses, ne serait-il pas beaucoup
plus rationnel de dire que le Créateur, en plaçant l'homme
sur la terre, a dû lui donner le moyen de subvenir à tous ses
besoins; et que, parmi les plantes destinées à le nourrir, il lui
a donné, dès les premiers jours du monde, le froment, proto-
type de l'alimentation de l'homme, comme le lait est le pro-
totype de l'alimentation de l'enfant.

Aussi la Providence a voulu que cette précieuse céréale pût
venir dans presque toutes les régions et s'accommodât de la
plupart des terres. Toutefois l'expérience a démontré que
la partie moyenne de la zone tempérée est la plus favorable à cette culture, et que c'est dans les terrains argilo-
calcaires, de moyenne consistance, qu'elle donne les meilleurs
résultats.

Cependant, au moyen d'un bon choix d'espèces, d'engrais
et de culture convenable, le blé d'automne peut être semé
presque partout. Ce fait remarquable se prouve par l'extension

des semailles de froment en certains pays, à mesure que les champs s'améliorent. Nous sommes heureux de pouvoir citer, à l'appui de cette assertion, l'exemple de la plupart des cultivateurs champenois qui ont su convertir, en magnifiques champs de blé, d'immenses plaines crayeuses restées improductives pendant trop longtemps.

Lorsque le blé est semé dans des terres qui ne retiennent pas trop l'eau, qu'il est suffisamment enraciné avant l'hiver, il peut supporter de très-basses températures (12 à 16 degrés au-dessous de zéro). Dans les contrées où la couche arable est profonde et où la neige recouvre habituellement la terre pendant la saison des frimas, il peut supporter des froids beaucoup plus intenses encore. De là le vieil adage :

> Neige au blé fait tel bénéfice
> Qu'au vieillard bonne pelisse.

Mais toutes les variétés ne sont pas également rustiques ; c'est ainsi que, des 55 prises au début de nos expériences, 15 ont dû être éliminées, n'ayant pu résister à nos hivers.

Le cultivateur a donc grandement raison de ne pas accepter légèrement des variétés prônées à outrance dans certains pays, pour remplacer celles de la contrée où il se trouve ; celles-là peuvent être excellentes sous certains climats et manquer totalement ou en partie sous un autre, tandis que les variétés du pays, acclimatées depuis de longues années, souffrent rarement de la gelée.

Elles ont traversé successivement les alternatives de froid, d'humidité, de gel et de dégel ; en un mot, elles ont fait leurs preuves. En les changeant contre d'autres d'origine exotique et d'une grande réputation, on s'exposerait à de graves mécomptes.

Il est donc nécessaire, pour ne pas hasarder tout d'un coup l'ensemble de sa récolte, d'entrer dans la voie de l'expérimentation. Mais le cultivateur, dirigeant une vaste exploitation,

a rarement le loisir de se livrer à ces essais, qui demandent
beaucoup plus de temps et de patience qu'on ne se l'imagine
généralement : ce travail, auquel il ne peut facilement se
livrer, nous l'avons entrepris depuis 5 ans, et nous le
poursuivrons jusqu'à ce que nous soyons enfin arrivé à doter
la contrée de quelques variétés de blé, d'avoine, de pommes
de terre, etc., etc., plus avantageuses que celles cultivées jusqu'à présent.

II

Pour assurer le succès de la première récolte, nos 220
variétés ont été cultivées dans le champ d'expériences attenant
à l'établissement. Nous pouvions plus facilement suivre, jour
par jour, toutes les phases de la végétation, prendre des notes
sur la rusticité, la puissance de tallement, l'époque de l'épi-
aison, de la floraison, de la maturité, etc., de chacune des
variétés de la collection.

Toutefois cette culture mi-jardinière, mi-agricole, ne pou-
vait donner que des indices ; mais, voulant entreprendre des
expériences sérieuses, nous n'avons pas hésité à louer, en
plein champ, des terres de fertilité moyenne, afin que, placées
dans les conditions ordinaires de la grande culture, les variétés de notre choix nous révélassent elles-mêmes leur valeur,
après une série d'expériences de plusieurs années.

Réussirons-nous à acclimater quelques variétés d'un mérite
réel ? Tout nous le fait espérer ; d'autant plus que, depuis
trois ans, la fixité, et même l'amélioration de quelques-unes
sont de nature à nous encourager.

Nous avons scrupuleusement pris note des résultats obtetras, et nous nous faisons un devoir de les soumettre à l'appréciation des cultivateurs.

Nos 40 variétés de blé ont été semées le même jour, à la volée, dans la même terre (1), avec même quantité de semence et même chaulage. Cependant le rendement présente une énorme différence.

On le voit, le produit du blé, comme de toute autre plante, ne dépend pas seulement de la fertilité de la terre, de l'emploi de tels ou tels engrais, mais encore, et surtout, de la valeur des variétés, puisqu'un choix judicieux peut élever le rendement dans la proportion de 1 à 3.

Un pareil résultat n'est-il pas capable d'attirer l'attention des hommes amis du progrès?

Si le cultivateur de certaine contrée où l'on se contente d'un rendement de 8 à 10 hectol. à l'hectare, essayait prudemment quelques nouvelles variétés parmi les plus vantées, n'aurait-il pas quelque chance d'accroître sa récolte, sans cependant augmenter ses frais?

D'où vient que, à ce sujet, la France est si au-dessous de l'Angleterre? D'où vient que, dans une période de 50 années, nous n'avons progressé que dans le rapport de 11 à 13 hectol.,

---

(1) Analyse de la terre où ont été cultivées les 40 variétés de blé:

Silice.	31,5	pour 100.
Alumine et oxyde de fer	10	—
Carbonate de chaux.	58	—
Magnésie.	0,018	—
Acide sulfurique.	0,018	—
Chlore.	0,017	—
Potasse.	0,025	—
Acide phosphorique.	0,013	—
Matières non dosées et pertes	0,409	—
Total,	100	

moyenne du rendement actuel, tandis que les Anglais, nos voisins, ont élevé le leur de 19 à 30 ?

Sans doute la culture anglaise se trouve placée dans des conditions plus avantageuses que la nôtre : les gros capitaux ne lui font pas défaut, les encouragements lui sont prodigués... Cependant, nous osons affirmer que l'initiative privée, se traduisant par des expériences de toutes sortes sur la valeur des engrais, la préparation des semences, et surtout le choix des meilleures variétés, ont plus contribué encore que tout le reste à ces résultats si enviables.

Mais le rendement en volume et en poids n'est pas l'unique chose à considérer. La qualité du grain, ou sa richesse en principes azotés et phosphatés, doit aussi entrer sérieusement en ligne de compte.

III

S'il est reconnu que les matières organiques répandues dans le sein de la terre ainsi que dans l'atmosphère, concourent à l'entretien de la vie végétale, il est recconnu aussi que nous ignorons dans quelles proportions. La connaissance des rapports dans lesquels ces deux éléments contribuent au développement des plantes, donnerait la solution de deux problèmes bien importants : la théorie des assolements, et l'épuisement du sol par les récoltes.

On le sait, plus une plante est enlevée en totalité après complète maturité, plus elle appauvrit la terre. Au contraire, l'épuisement se fait à peine sentir quand elle laisse dans le sol de nombreux débris : la luzerne, le trèfle et la plupart des légumineuses fourragères sont dans ce cas. Aussi admet-on communément dans la pratique que, loin de les épuiser, la culture de ces espèces augmente la vigueur des terres. Donc, plus une plante enlèvera de principes utiles et dont le sol sera faiblement pourvu, principes que l'on est obligé de lui restituer par l'apport d'engrais, plus aussi la vente de ces produits sera préjudiciable au cultivateur.

Précisons davantage la question. Prenons, par exemple, deux variétés de blé ayant donné volumes et poids égaux, et ayant même cours sur le marché: le blé de Noé et le blé rouge de Wittington sont dans ce cas. Mais le premier, séché naturellement, contient $^o/_o$ 2,041 d'azote, tandis que le second n'en renferme que 1,775. En tenant compte de l'azote prélevé par le grain et la paille sur un hectare ayant produit 30 hect. de grain et 7,000 kilogr. de paille, on obtient pour le blé de Noé près de 97 kil. et pour le rouge de Wittington 68 seulement.

Le fermier aura donc un très-grand profit à ne cultiver que les variétés moins riches en azote, quand elles rendront autant que les plus riches, puisque, dans le commerce, c'est la substance qui se vend le plus cher.

L'intérêt du consommateur demanderait l'extension des variétés riches en principes alibiles; celui du producteur, au contraire, exigerait celle de blés moins épuisants, quand leur écoulement est aussi facile. Ce sont là, on le conçoit, deux intérêts antagonistes, de conciliation difficile, car l'agronome devra toujours subordonner la culture de certaines variétés à la faveur dont elles jouissent sur le marché.

IV

On a souvent préconisé l'économie de la semence comme conséquence de l'emploi des semoirs mécaniques.

Sans avoir la prétention de résoudre la question, l'exposé de nos expériences théoriques et pratiques pourra peut-être fournir, à ce sujet, quelques renseignements utiles.

Un litre de blé ordinaire contient en moyenne 17,400 grains (les blés durs ou gros blés, comme l'hybride Galand, etc., en contiendront beaucoup moins ; pour ces variétés, il faudra peut-être doubler la semence), un hectolitre en comptera par conséquent 1,740,000. Répartis sur 1 hectare, ils se trouveraient placés à 7 centim. 1/2 en tous sens. Cet espacement est des plus favorables à une bonne végétation, si la terre est suffisamment riche et purgée de mauvaises herbes.

En effet, placée dans ces conditions, chaque touffe ou pied-mère pourra aisément donner de 3 à 6 tiges ; soit 3 pour ne rien exagérer ; nous aurons donc par hectare 6,154,700 épis. Si chacun renferme 20 grains en moyenne, cela fera 122,694,000 grains ; à 50 grains pour 1 gramme, on obtient 4,089 k., soit 51 hectol. 12 à l'hectare, au poids de 80 kilogr. l'hectol. Si les choses se passaient de cette manière, on obtiendrait 50 fois la semence ; quand nous disons 50 fois la semence, il faut entendre la semence réellement productive, et non la totalité de celle mise en terre.

En effet, nous avons constaté que, sur 100 grains de bonne qualité ordinaire, 8 à 10 sont défectueux, au point qu'il n'est pas permis de compter sur leur bonne venue.

Semés à la main et recouverts à la charrue ou à la herse, comme cela se pratique ordinairement, des 90 grains restants, à peu près la moitié ne donne aucun produit : soit qu'enterrés trop avant ils pourrissent, ou qu'insuffisamment recouverts ils aient été mangés par les oiseaux, les souris, les mulots, etc., ou qu'enfin l'effet du dégel, mettant à nu les racines trop superficielles, n'en détruise encore un certain nombre. En résumé, ce serait donc un peu moins de la moitié de la semence confiée à la terre qui, par la méthode à la volée, serait réellement productive.

Avec le semoir, au contraire, le grain étant également recouvert, la perte n'est plus que de 1/15 à 1/20. Aussi, avec cet instrument plein d'avenir, est-il permis de n'employer que 1 hectol. 25 à 1 h. 50, au lieu de 2 à 3 hectol. et plus que l'on est forcément obligé de répandre dans les semis à la volée. Semées à la main et à raison de 2 hectol. à l'hectare, la plupart de nos variétés étaient suffisamment drues.)

Economie de semence, et peut-être de main-d'œuvre, facilité de pouvoir donner quelques façons au blé envahi par l'herbe, grain en général mieux nourri : voilà les avantages de l'emploi du semoir.

V

Il est aussi un point sur lequel nous croyons utile d'attirer l'attention des hommes compétents : nous voulons parler du choix de la semence.

Est-il avantageux de changer de semence tous les 2 ou 3 ans, comme cela se pratique communément en certains pays? Il

est généralement admis que la semence doit être renouvelée
après un certain temps, et que, faute de prendre cette précaution, le blé récolté plusieurs fois dans les terres même différentes d'une exploitation, s'altère et finit par dégénérer.

Ne serait-ce pas là un préjugé ? La cause de cette dégénérescence est-elle bien celle qu'on lui attribue ? Ne résiderait-elle pas dans le mode de traitement auquel on a soumis cette culture, ou dans des accidents indépendants de la volonté ? C'est ainsi qu'une terre mal préparée, un semis trop épais, une fauchaison prématurée ; comme aussi la grêle, une pluie continue, une sécheresse prolongée ou un orage qui aura fait verser les moissons, etc., produiront inévitablement une dégradation imperceptible, mais certaine, dans les organes de la vitalité : nécessité alors de renouveler la semence. Mais, à part ces accidents, le cultivateur ne ferait-il pas aussi bien de la préparer lui-même ?

Pour cela, qu'il fume et façonne convenablement, chaque année, quelques hectares de ses meilleures terres à blé ; que les semailles soient plutôt un peu claires que trop drues, que la fauchaison n'ait lieu qu'à complète maturité, qu'enfin le nettoyage soit aussi parfait que possible.

Ce procédé, continué chaque année, donnerait, selon nous, les résultats les plus satisfaisants ; et, loin de dégénérer, le blé ainsi cultivé maintiendrait la vigueur et la pureté de son espèce.

Ce traitement rationnel est celui que l'on adopte avec succès pour créer ces nouvelles variétés qui ne sont autres que les plus beaux spécimens des anciennes que l'on a ainsi rajeunies.

Citons, pour dire toute notre pensée à ce sujet, Mathieu de Dombasles, ce patriarche de la science agricole :

« L'utilité du changement de semence pour le blé est loin
» d'être résolue. Des cultivateurs très-expérimentés, qui sont
» dans l'usage de semer toujours le blé de leur propre récolte,

» mais en apportant un grand soin à choisir le plus beau et
» le plus net, regardent comme un préjugé les avantages
» qu'on prétend trouver à changer la semence, et ils appuient
» leur opinion sur une longue expérience et sur la beauté
» des récoltes qu'ils obtiennent. Quoique l'opinion contraire
» soit plus généralement répandue, il n'est pas à ma con-
» naissance qu'elle ait jamais été appuyée sur des faits bien
» positifs. Il y a deux circonstances qui peuvent exercer une
» influence évidente sur les résultats des changements de
» semence : d'abord, lorsqu'un cultivateur cherche ses
» semences hors de chez lui, il choisit toujours ce qu'il y a
» de plus beau ; tandis que dans le cas contraire il ne peut
» semer que ce qu'il a, et se trouve par conséquent beaucoup
» plus limité dans son choix ; ensuite chaque espèce de sol
» favorisant particulièrement la croissance de certaines mau-
» vaises herbes, il est certain que les graines qui peuvent se
» trouver mêlées dans le blé doivent moins prospérer dans
» un sol différent de celui dans lequel il a crû.

» Je suis porté à penser que c'est principalement à ces
» deux causes qu'on doit attribuer les avantages qu'on
» trouve à changer de semence. Dans ce cas, il n'y aurait
» aucune utilité à la changer pour le cultivateur qui aurait
» chez lui du blé bien nourri et exempt de mauvaises
» semences.

» Mon expérience est parfaitement favorable à cette dernière
» opinion, et je suis convaincu qu'il n'y a d'avantage à aller
» chercher ailleurs sa semence de froment que lorsqu'on n'a
» dans sa propre récolte que du grain de qualité infé-
» rieure.

» Pendant les 20 ans de mon bail de Roville, j'ai pris cons-
» tamment ma semence de froment dans ma propre récolte;
» non-seulement je n'ai jamais observé de dégénération, mais
» la qualité des produits s'est beaucoup améliorée, ce qui
» n'est que la conséquence ordinaire des soins donnés à

» la culture. Je n'ai jamais vu non plus qu'il **y** ait aucun
» avantage à prendre des grains récoltés dans un sol de nature
» différente de celui où on l'a semé, pourvu que le grain soit
» net de semences de mauvaises herbes. »

VI

On a souvent relaté le tallage fabuleux, naturel ou artificiel, de certains grains de blé, venus dans des conditions exceptionnellement favorables.

Mais ce sont là de ces résultats curieux, singuliers, auxquels on ne peut point espérer d'arriver dans la pratique. Ils servent seulement à montrer quelle puissance végétative est renfermée dans un grain de blé.

Si ces résultats extraordinaires ont été enregistrés plus souvent que les résultats moyens, c'est qu'ils ne demandent qu'un moment d'attention ; ceux-ci, au contraire, exigent de fréquentes visites aux champs d'expériences, un temps considérable par conséquent, et une bonne dose de patience. Nous avons pensé qu'il pourrait y avoir quelque intérêt à signaler les résultats moyens auxquels nous ont conduit nos expériences à ce sujet.

Semés en lignes espacées de 15 centim. et placés sur chaque ligne à des distances variant entre 4 et 10 c., les grains de blé ont montré, on le comprend, une grande vigueur.

Les blés de la seconde classe : épeautres, amidonniers, engrains, sont doués d'une puissance de tallement excessive. Il est vraiment intéressant de suivre, au mois de mars ou d'avril, selon la température, la végétation de ces espèces. Leurs jeunes tiges rampantes se multiplient pour ainsi dire à l'infini, c'est par 30, 40 et même 50 qu'il faut les compter pour un seul grain.

Parmi les touzelles, les plus remarquables sous ce rapport sont : les blés d'Ensengland, de Noé, Golden cluster, du Gatinais, velu de la Manche, d'Hickling, de Rampillon, Grand de haie, Golden drop, Meunier, de Flandre, de l'île de Crète, de St-Laud, de Laigle, de Fellemberg, Haigt's watts prolific, red Kent, de Wittington, rouge de Bretagne, Triticum fastuosum, etc. qui ont donné de 15 à 20 talles.

Mais les mêmes variétés, semées les années suivantes dans les conditions ordinaires de la grande culture et à raison de 2 hectolitres à l'hectare, n'ont plus donné que de 5 à 6 tiges. Ne favoriserait-on pas le tallage en déchirant, au printemps, la superficie du sol avec une herse légère que l'on ferait suivre du rouleau ? On mettrait ainsi chaque particule de terre en contact avec les racines, on aérerait la terre : les jeunes plantes en recevraient une grande vigueur qui provoquerait l'émission de nouvelles tiges. Cette opération, du reste, se pratique avantageusement dans le nord de la France.

VII.

Parmi les blés figurant au tableau, la plupart étaient, cette année, atteints de l'ergot, la rouille était presque générale, mais aucun épi n'était carié.

Chacun le sait, les maladies auxquelles le blé est le plus sujet sont la rouille et la carie vulgairement nommée bruine en certains pays. L'ergot est particulièrement l'ennemi du seigle ; depuis quelques années cependant, il semble vouloir étendre ses ravages sur le froment. Le charbon se développe de préférence sur l'orge et sur l'avoine : toutes ces maladies sont produites par des végétaux parasites de la famille des champignons.

La rouille est un champignon que les botanistes nomment *uredo cerealium* : il commence à se développer sur les feuilles, puis gagne la tige et enfin l'épi. Arrivés à maturité, ces cryptogames répandent une poussière tellement abondante, qu'elle jaunit les habits des personnes qui traversent un champ de blé attaqué de rouille.

C'est dans les terres humides et ombragées, ou dans les sols nouvellement défrichés, renfermant en excès de l'humus acide, ou encore à la suite des pluies ou des brouillards suivis d'un soleil ardent, que la rouille se développe avec le plus d'intensité.

Quand cette maladie se déclare sur de jeunes plants, une pluie douce et abondante, suivie d'une température normale, peut la faire disparaître ; mais, si elle se montre après la formation de l'épi, les grains restent légers et ridés ; la paille, de mauvaise qualité, peut nuire aux animaux.

Malheureusement, toutes les espèces de blés, à l'exception des engrains et des blés de Pologne, qui en sont rarement atteints, sont menacées de ce genre d'altération.

Aucun moyen efficace, que nous sachions, n'a encore été trouvé pour combattre cette maladie.

La carie *(Uredo caries)*, comme nous l'avons dit, attaque particulièrement les blés. Elle se développe dans l'intérieur du grain, le dénature tellement qu'il change de forme et de consistance : courts et sphériques, les grains cariés renferment dans leur intérieur une masse grisâtre qui se fonce de plus en plus. A complète maturité, tout l'intérieur est rempli d'une matière noirâtre, douce au toucher.

Au battage, l'enveloppe d'un certain nombre de grains se déchire, et la masse pulvérulente, qui n'est autre que les sporules ou grains microscopiques du champignon, se désagrége et s'attache à tous les corps environnants. Que l'on se figure la quantité innombrable de ces corpuscules reproducteurs infestant l'ensemble du produit, et l'on sera justement effrayé des dangers qui menacent la récolte suivante.

Ici, comme ailleurs, les procédés de guérison ont abondé ; les recettes de toutes sortes, préservatrices ou curatives, ont été données : les unes, purement mécaniques , consistent à débarrasser la semence, par le lavage ou la ventilation, de tous les germes de carie ; les autres opèrent chimiquement par l'emploi de substances assez énergiques pour les détruire sans désorganiser le grain : la chaux vive, les sulfates de cuivre, de soude ou de zinc, le sulfure d'arsénic, etc., ont été tour à tour prônés ou décriés.

En 1866, nous avons employé, sur 55 variétés, la chaux vive seule ; la carie s'est montrée sur un bon nombre d'entre elles. L'année suivante, toutes ont été immergées dans une dissolution de sulfate de cuivre (vitriol bleu), 1 kilo dissous dans 5 litres d'eau, quantité indiquée pour 2 hectolitres et demi, dans un article du *Journal d'Agriculture progressive*. Le fléau a pourtant fait des ravages considérables dans certaines variétés ; le blé grand de Brianca, surtout, a été fort maltraité ; il avait environ $1/5^e$ de ses épis cariés.

Enfin, en 1868, le blé de cette dernière variété, après avoir été vanné et criblé avec soin, renfermait encore de $1/6^e$ à $1/8^e$ de grains cariés ; il a été trempé, ainsi que celui des 59 autres variétés conservées, dans une dissolution bien plus concentrée. Au lieu de 1 kilo dans 5 litres d'eau, nous en avons mis 2, et toute la liqueur a été absorbée par 80 litres seulement. La quantité, regardée généralement comme suffisante, a donc été plus que quadruplée.

Une partie de ce blé, le grand de Brianca était du nombre,

n'a pu être semée que huit jours après ce sulfatage énergique, de sorte que nous craignions la désorganisation de l'embryon; il n'en était rien, cependant : le blé a parfaitement levé, et, au moment de la moisson, pas un épi, pas un grain n'était carié.

Ce procédé n'est pas coûteux, et il est d'un emploi facile : il suffit de jeter ce sel dans la quantité d'eau indiquée. — Recommandons au semeur de se laver les mains avant de prendre ses repas, toutes les fois qu'il aura manipulé du blé sulfaté.

Certains agronomes ont attribué la carie à l'emploi du fumier frais : ceci n'est qu'indirectement vrai. En effet, si on examine les causes qui déterminent la carie à la suite de l'emploi du fumier non suffisamment décomposé, on comprendra que les sporules de l'uredo mélangées à la masse de la paille par le battage, n'ayant pas été détruites par la fermentation, c'est à elles, et non au fumier qui les renferme, qu'il faut attribuer ce terrible fléau.

Donc, nécessité de bien conduire la fermentation du fumier fait avec la paille de blé carié.

D'autres ont attribué cette maladie à certains brouillards, à la nature du sol, etc. L'inclémence du temps, à l'époque de la floraison surtout, peut favoriser le développement de la maladie, mais seulement dans les épis qui renferment le principe du mal. Si ce principe a été détruit, la carie ne se produit point.

VIII

Les expériences que nous faisons, près Reims, sur le sol
calcaire de la Champagne, nous cherchons à les faire répéter
sur des terres de nature différente. N'y aurait-il pas, en effet,
quelque intérêt à s'assurer si les variétés qui donnent ici des
résultats exceptionnellement avantageux maintiendraient
ailleurs leur supériorité ?

En 1868, nous avons offert à M. Andrieux-Brodier, proprié-
taire à Pouillon, quelques épis de vingt variétés. Cet intelligent cultivateur a compté les grains, les a plantés à un déci-
mètre en tous sens, et a obtenu le résultat indiqué au tableau
suivant :

TABLEAU du rendement de 20 variétés de Blés cultivées par M. ANDRIEUX-BRODIER, Cultivateur à Pouillon (Marne).

		Situation au printemps.	Longueur de la tige sans l'épi.	Longueur des épis.	ÉTAT AU 10 JUILLET.	Nombre de grains semés.	Produit en gr. après un bon nettoyage.	Nombre de grains par gram.	Total des grains p' chaque variété.	Nombre de grains pour 1	PLACES.
1	Blé de Saint-Laud	Beau.	1m 30 à 1m40	centimèt. 8 à 10	Défleuri. — Bel épi. Paille droite	164	281	32	8.992	55	19me
2	Poulard velu	Très-beau.	1 50 à 1 60	12 à 14	id. id. Paille forte, couchée.	271	1.025	25	25.625	94	8e
3	Blé de Saumur	Un peu gelé : ce qui reste assez beau.	1 30 à 1 40	id.	En fleur. id. Paille ordinaire	189	425	36	15.300	81	13e
4	Haigh's wath prolific	id.	1 20 à 1 25	id.	id. Beaucoup de talles non montées.	234	517	32	16.544	70	17e
5	Gros Turquet	id.	1 40 à 1 50	9 à 12	id. Très-beaux épis. Paille forte et droite.	204	964	18	17.352	85	12e
6	Blé de Noé	id.	1 10 à 1 20	8 à 11	Défleuri. — Epi maigre. — Paille petite	140	310	20	6.200	44	20e
7	Géant de la Tréhonnais	Beau.	1 25 à 1 35	11 à 13	En fleur. — Beaux épis. — Paille couchée.	197	440	35	15.400	78	15e
8	White red	Très-beau.	1 35 à 1 40	9 à 10	id. id. id.	240	565	34	19.210	80	14e
9	Rouge de Laigle	Beau.	1 25 à 1 35	12 à 14	Défleuri.—Très-beaux épis.—Paille droite.	123	312	29	9.048	72	16e
10	Golden cluster	id.	1 10 à 1 30	7 à 9	id. Assez beaux. — Ordinaire	182	660	36	23.760	130	4e
11	Blé brun	id.	1 40 à 1 60	11 à 13	En retard.—Beaux.— Belle et forte paille.	134	369	33	12.177	91	10e
12	White chaff red	Un peu gelé : ce qui reste assez beau.	1 10 à 1 30	8 à 9	Défleuri. — Epis ronds. — Paille passable.	202	735	35	25.725	127	5e
13	Blé de miracle	Gelé : ce qui reste est vilain.	1 40	10 à 11	En fleur. — Beaux épis. id.	246	380	40	15.200	61	18e
14	Blé de haie	Un peu gelé : ce qui reste est beau.	1 20 à 1.25	10 à 13	id. Epis pâles.—Paille ordinaire.	148	670	37	24.790	168	1er
15	Célip	Beau.	1 50 à 1 60	13 à 14	id. Très-beaux épis.—Paille couchée	197	620	30	18.600	94	8e
16	à 6 rangs, épi velouté	Assez beau.	1 30 à 1 40	7 à 9	id. Beaux épis.—Paille belle.	200	750	27	20.250	100	7e
17	de Fellemberg	id.	1 35 à 1 45	11 à 13	id. id. id.	222	575	35	20.125	90	11e
18	de Chine	Beau.	1 10 à 1 20	10 à 13	id. id. id.	210	830	35	20.050	138	3e
19	Triticum fastuosum	Très-beau.	1 40 à 1 50	11 à 13	Défleuri. — Très-beaux. id.	254	930	29	26.970	106	6e
20	Blé Hickling	id.	id.	8 à 10	id. Beaux. id.	210	955	32	30.560	145	2e

La levée a été parfaite, mais la gelée a détruit presque complétement une variété et en a fait souffrir six autres.

Comme pour les blés de la localité, la rouille était générale.

Le rendement indiqué au tableau précédent, dû aux soins de M. Andrieux, varie donc, après un nettoyage des plus parfaits, entre 44 et 168 fois la semence.

Mais, nous nous hâtons de le dire, ce résultat exceptionnel ne pourra jamais être atteint en grande culture ; il prouve seulement que, au point de vue physiologique, les semailles claires sont plus rationnelles que les semailles drues.

Toutefois, le cultivateur s'exposerait à de ruineuses déceptions si, dans la pratique, il ne tenait compte de l'état de préparation du sol, de sa fertilité naturelle ou acquise, des chances plus ou moins nombreuses de destruction : gelée, oiseaux, rongeurs, limaces, etc. C'est ainsi qu'en agriculture il n'y a rien d'absolu. Les principes sont toujours bons, sans doute, mais ils doivent recevoir, du cultivateur intelligent, des modifications relatives aux circonstances dans lesquelles il se trouve placé.

Dans une terre maigre, ensemencée à la volée, le semis dru est de rigueur. D'abord, beaucoup de grains ne lèveront pas ; les autres, faute d'une nourriture suffisante, ne donneront que de maigres tiges, exposées, si elles sont trop distantes, à être étouffées par les mauvaises herbes.

Assurément, une telle culture est loin d'être avantageuse. Ne vaudrait-il pas mieux n'avoir que 15 à 20 hectares en blé, mais rapportant de 25 à 30 hectolitres l'un, que 40 à 50 n'en rendant que 10 à 15 ?

C'est un fait incontestable : telles fumures, telles récoltes ; et, si l'on veut se donner la peine de calculer, tels sont les prix de revient. C'est là une question grosse de conséquences, c'est un des problèmes agricoles dont la solution exerce le plus d'influence sur les résultats financiers de l'entreprise rurale.

Le prix de la terre, mais surtout celui de la main-d'œuvre, a augmenté, depuis vingt ans, dans des proportions effrayantes ; la valeur du quintal de blé, loin de suivre cette marche ascendante, a été à peu près stationnaire. La culture du froment, chez nous, n'est aujourd'hui suffisamment rémunératrice qu'avec des rendements de 25 à 30 hectolitres à l'hectare. Or, comme en définitive on ne travaille que pour gagner de l'argent, il faut de deux choses l'une , ou augmenter la somme des fumures, ou réduire le nombre d'hectares à ensemencer : telle est la loi qui s'impose à tous.

En résumé, il résulte clairement, suivant nous, de tout ce qui a été dit précédemment :

1° Que les cultivateurs ont intérêt à choisir les plus belles variétés, en grain et paille, convenant à leur sol ;

2° Que la quantité de semence doit être en rapport avec la préparation de la terre, sa fertilité et les chances de destruction ;

3° Que, dans les meilleures conditions et avec l'emploi de semoirs perfectionnés, il serait peu prudent de répandre moins d'un hectolitre de blé à l'hectare ;

4° Que l'usage de changer de semence, à des intervalles plus ou moins éloignés, ne paraît pas rigoureusement indispensable, excepté si la récolte a été atteinte de l'un des accidents ci-dessus mentionnés, ou si l'on a, à quelques lieues seulement de son exploitation, des terres d'une fertilité native telle, que le blé qui en provient soit constamment supérieur à celui que l'on obtient dans ses meilleures terres;

5° Que, parmi toutes les recettes indiquées pour combattre la carie, le sulfate de cuivre nous paraît la plus certaine;

6° Qu'enfin, il est désirable que nos plus belles variétés soient essayées dans les autres arrondissements du département de la Marne, ainsi que dans l'Aisne et les Ardennes.

Nous mettrons volontiers à la disposition des cultivateurs

qui nous en feront la demande les plus beaux spécimens de blé, orge, avoine, pommes de terre, etc., à la seule condition de vouloir bien nous tenir au courant des résultats.

Si notre appel est entendu, nous espérons que cet ensemble d'essais amènera la vulgarisation des meilleures espèces de céréales et de plantes-racines. Et, ne l'oublions pas, travailler à augmenter le produit des terres, c'est accroître le bien-être de tous, en même temps que la richesse nationale.

Reims, Imprimerie de E. Luton.